Ernst Probst

Dinosaurier in Baden-Württemberg

Von Efraasia bis zu Sellosaurus

GRIN Verlag

Bibliografische Information der Deutschen Nationalbibliothek:

Die Deutsche Bibliothek verzeichnet diese Publikation in der Deutschen National-
bibliografie; detaillierte bibliografische Daten sind im Internet über http://dnb.d-
nb.de/ abrufbar.

Impressum:

Copyright © 2010 GRIN Verlag, Open Publishing GmbH
Druck und Bindung: Books on Demand GmbH, Norderstedt Germany
ISBN: 978-3-640-74435-0

Dieses Buch bei GRIN:

http://www.grin.com/de/e-book/160647/dinosaurier-in-baden-wuerttemberg

Ernst Probst

Dinosaurier in Baden-Württemberg

Von Efraasia bis zu Sellosaurus

Meinen Enkelkindern Max und Paula Werner
gewidmet

DANK

Für wertvolle Hilfe
bei der Entstehung dieses Taschenbuches
dankt der Autor:

Nobu Tamura
Fritz Wendler (1941–1995)
Bernd Werner

Inhalt

Vorwort 9
Efraasia 11
Gresslyosaurus 13
Halticosaurus 15
Liliensternus 17
Ohmdenosaurus 21
Plateosaurus 23
Procompsognathus 31
Sellosaurus 33
Was ist ein Dinosaurier? 37
Wie die Dinosaurier zu
ihrem Namen kamen 45
Der Autor 51
Literatur 53
Bildquellen 55
Bücher von Ernst Probst 57

Vorwort

Dinosaurier in Baden-Württemberg werden in dem gleichnamigen Taschenbuch des Wiesbadener Wissenschaftsautors Ernst Probst vorgestellt. Bei jeder Dinosaurier-Gattung erfährt man, worauf deren wissenschaftlicher Name beruht. Es folgen Angaben über die Größe, das zeitliche und geographische Vorkommen, die systematische Stellung und über die wissenschaftliche Erstbeschreibung. „Dinosaurier in Baden-Württemberg" beschreibt acht Gattungen der „schrecklichen Echsen" aus Baden-Württemberg: *Efraasia, Gresslyosaurus, Halticosaurus, Liliensternus, Ohmdenosaurus, Plateosaurus, Procompsognathus, Sellosaurus.*

Ernst Probst hat sich durch zahlreiche populärwissenschaftliche Bücher einen Namen gemacht. Bekannte Werke aus seiner Feder sind: „Deutschland in der Urzeit", „Rekorde der Urzeit", „Dinosaurier in Deutschland" (letzterer Titel zusammen mit Raymund Windolf), „Dinosaurier von A bis K", „Dinosaurier von L bis Z", „Der Ur-Rhein", „Der Rhein-Elefant", „Deutschland im Eiszeitalter", „Der Mosbacher Löwe" „Höhlenlöwen", „Säbelzahnkatzen", „Der Höhlenbär", „Monstern auf der Spur", „Nessie", „Affenmenschen" und „Seeungeheuer".

Efraasia

Name: benannt nach dem
Paläontologen Eberhard Fraas
Größe: etwa 6 Meter lang
Vorkommen: Obere Triaszeit
Funde: Baden-Württemberg
Systematik: Saurischia, Sauropodomorpha
Erstbeschreibung: Huene 1908

Der Vor-Echsenfüßer *Efraasia* ist ein früher Dinosaurier aus der Oberen Triaszeit vor etwa 210 Millionen Jahren. Die erste wissenschaftliche Erstbeschreibung erfolgte 1908 durch den Tübinger Paläontologen Friedrich von Huene (1875–1969). Mit dem Gattungsnamen *Efraasia* ehrte er den Stuttgarter Paläontologen Eberhard Fraas (1862–1915, Foto). Erwachsene Tiere von *Efraasia* erreichten eine Länge bis zu sechs Metern. Geringere Längenmaße in der Literatur beruhen auf Funden von Jungtieren. *Efraasia* ähnelte seinem Zeitgenossen *Thecodontosaurus* (Wurzelzahn-Echse), war aber größer als dieser rund 2,50 Meter lange Dinosaurier. Wie andere frühe Vor-Echsenfüßer (Prosauropoda) ging er – je nach Bedarf – auf zwei oder vier Beinen. Fossile Funde von *Efraasia* wurden seit ihrer ersten Entdeckung oft falsch interpretiert. Zuerst brachte man Teile des Körperskeletts mit Kieferknochen einer anderen Art in Verbindung. Jene fälschlicherweise zusammengestückelte Gattung nannte man *Teratosaurus* und betrachtete sie als frühen Theropoden. Später erkannte man diesen Fehler und ordnete die Teile des Körperskeletts den Prosauropoden zu und die Kieferknochen der Gattung *Teratosaurus*. Letzteren rechnet man heute zu den Rauisuchia, einer Gruppe der Archosaurier aus der Triaszeit. Als man erkannte, dass *Efraasia* ein Vor-Echsenfüßer ist, betrachtete Eberhard Fraas diese Gattung als Synonym von *Thecodontosaurus*. Später hielt man die Funde für Jungtiere von *Sellosaurus*. Erst seit wenigen Jahren ist klar, dass es sich bei *Efraasia* um eine eigene frühe Gattung der Prosauropoden handelt.

Friedrich von Huene
(1862–1915)

Eberhard Fraas
(1862–1915)

Gresslyosaurus

Name: Gressly-Echse
Größe: bis zu 10 Meter lang
Vorkommen: Obere Triaszeit
Funde: Baden-Württemberg, Schweiz
Systematik: Saurischia, Sauropodomorpha,
Prosauropoda, Plateosauridae
Erstbeschreibung: Rüthimeyer 1857

Der zu den Vor-Echsenfüßern gehörende Dinosaurier *Gresslyosaurus* aus der Oberen Triaszeit ist – nach Ansicht vieler Paläontologen – vielleicht mit der Gattung *Plateosaurus*, dem „Schwäbischen Lindwurm" oder „Deutschen Lindwurm", identisch, die er an Größe etwas übertraf. Funde von *Gresslyosaurus* kennt man aus Niederschönthal bei Füllinsdorf im Kanton Basel und bei Hallau im Kanton Schaffhausen (Schweiz) sowie aus Degerloch bei Stuttgart (Deutschland). Das Degerlocher Skelett ohne Kopf kam 1847 zum Vorschein. Die Fundstelle Niederschönthal wurde um 1850 von dem schweizerischen Geologen Amanz Gressly (1814–1865, Foto) entdeckt. Der schweizerische Zoologe und Anatom Ludwig Rüthimeyer (1825–1895) hat 1857 *Gresslyosaurus* erstmals wissenschaftlich beschrieben. Der Gattungsname *Gresslyosaurus* bezieht sich auf den Geologen Amanz Gressly. Bei Hallau ist *Gresslyosaurus* seit 1915 nachgewiesen.

*Amanz Gressly
(1814–1865)*

*Grabstein von
Amanz Gressly*

Halticosaurus

Name: Flinke Echse
Größe: etwa 5,50 Meter lang
Vorkommen: Obere Triaszeit
Funde: Baden-Württemberg, Sachsen-Anhalt
Systematik: Saurischia, Theropoda, Coelophysoidea
Erstbeschreibung: Huene 1908

Der Raub-Dinosaurier *Halticosaurus* lebte in der Oberen Triaszeit vor etwa 208 Millionen Jahren in Deutschland. Fossile Reste dieses Tieres hat man zusammen mit dem „Deutschen Lindwurm" *Plateosaurus* in Halberstadt (Sachsen-Anhalt) entdeckt. Ein weiterer Fundort ist der Stromberg in Baden-Württemberg. Die wissenschaftliche Erstbeschreibung erfolgte 1908 durch den Tübinger Paläontologen Friedrich von Huene (1875–1969), der den Artnamen *Halticosaurus longotarsus* prägte. Dieses schlanke und leicht gebaute Tier gehörte vermutlich zu den Hohlknochen-Dinosauriern (Coelurosaurier). *Halticosaurus* hatte einen großen Kopf, fünf Finger an den Händen und relativ kurze Hinterbeine. Manche Experten glauben, *Halticosaurus* sei mit dem Raub-Dinosaurier *Liliensternus* identisch, der ebenfalls aus Deutschland nachgewiesen ist.

Funde von *Halticosaurus* in Deutschland
laut „Dinosaurier in Deutschland" (1993)
von Ernst Probst und Raymund Windolf:

Württemberg:
Stromberg

Sachsen-Anhalt:
Halberstadt

Liliensternus

Name: nach dem Arzt
Rühle von Lilienstern
Größe: etwa 7 Meter lang
und 3 Meter hoch
Vorkommen: Obere Triaszeit
Funde: Baden-Württemberg, Sachsen-Anhalt,
Thüringen
Systematik: Saurischia, Theropoda,
Neotheropoda, Coelophysoidea
Erstbeschreibung: Welles 1984

Der Raub-Dinosaurier *Liliensternus* lebte in der Oberen Triaszeit vor etwa 215 bis 200 Millionen Jahren in Deutschland. *Liliensternus* wurde 1984 durch den amerikanischen Paläontologen Samuel Paul Welles (1907–1997) erstmals wissenschaftlich beschrieben. Als einzige Art dieser Gattung ist bisher *Liliensternus liliensterni* bekannt. Mit dem Artnamen *Liliensternus liliensterni* ehrte Welles den deutschen Arzt Dr. Rühle von Lilienstern (1882–1946, Foto) aus Bedheim bei Hildburghausen (Thüringen). Lilienstern sammelte in seiner Freizeit fossile Pflanzen, Tierfährten und Saurierreste aus der Triaszeit von Thüringen und beschrieb sie meist selbst. Am 1. August 1934 eröffnete er in den Nebengebäuden seines Schlosses in Bedheim ein paläontologisches Museum, in dem er die kurz zuvor entdeckten

Dinosaurier-Funde vom Gleichberg bei Römhild zeigte. Dieses Museum wurde 1969 aufgelöst. Die Funde befinden sich heute im Naturkundemuseum der Humboldt-Universität zu Berlin. Der Raub-Dinosaurier *Liliensternus* wog zu Lebzeiten schätzungsweise 130 bis 150 Kilogramm. Er hatte einen großen Kopf, fünf Finger an den Händen und relativ kurze Hinterbeine. *Liliensternus* wurde früher als *Halticosaurus* („Flinke Echse") bezeichnet. Der Raub-Dinosaurier *Halticosaurus* wurde zusammen mit *Plateosaurus* in Halberstadt entdeckt und 1908 von dem Tübinger Paläontologen Friedrich von Huene (1875–1969) erstmals wissenschaftlich beschrieben.

Rühle von Lilienstern
(1882–1946)

Funde von *Liliensternus* in Deutschland
laut „Dinosaurier in Deutschland" (1993)
von Ernst Probst und Raymund Windolf:

Württemberg:
Trossingen (Zahn)

Sachsen-Anhalt:
Halberstadt

Thüringen:
Großer Gleichberg südlich Hildburghausen

Lebensbild von Liliensternus.
Zeichnung von Nobu Tamura

Ohmdenosaurus

Name: Echse aus Ohmden
Größe: etwa 3 bis 4 Meter lang
Vorkommen: Untere Jurazeit
Funde: Baden-Württemberg
Systematik: Saurischia,
Sauropodomorpha, Sauropoda,
Vulcanodontidae
Erstbeschreibung: Wild 1978

Ohmdenosaurus lebte in der Unteren Jurazeit vor etwa 185 Millionen Jahren in Deutschland. Dem am Stuttgarter Museum für Naturkunde arbeitenden Paläontologen Rupert Wild (Foto) fiel in den 1970-er Jahren im „Museum Hauff" in Holzmaden ein Fossil auf, das als Oberarm eines Plesiosauriers bezeichnet wurde. Er erkannte, dass es sich nicht um den Knochen eines solchen Meeresreptils handeln konnte, sondern um denjenigen eines Dinosauriers. Der Fund stammte aus irgendeinem verschütteten Steinbruch bei Ohmden nahe Kirchheim/Teck in Baden-Württemberg. Da der untere Teil des Fossils noch von Gestein umgeben war, ließ sich die geologische Schicht, aus welcher der Fund kam, als Posidonienschiefer (Toarcium, Untere Jurazeit) identifizieren. Wild bestimmte den Fund als etwa 50 Zentimeter langen Rest vom rechten Hinterbein eines Dinosauriers, den er 1978 als *Ohmdenosaurus liasicus*

erstmals wissenschaftlich beschrieb. Der Gattungsname
Ohmdenosaurus bedeutet „Echse aus Ohmden", der
Artname *Ohmdenosaurus liasicus* bezieht sich auf den Lias,
die älteste Stufe der Jurazeit. Das Schienbein von *Ohmdenosaurus* unterscheidet sich von anderen Fossilien aus
dem Posidonienschiefer durch deutliche Verwitterungs-
spuren. Solche kommen wegen des Fehlens von Tiefen-
strömungen meistens nicht vor. Deswegen nimmt man
an, dass die Knochen zweimal transportiert und
eingebettet worden sind. *Ohmdenosaurus* wurde nach
seinem Tod an einem Strand oder Flussdelta zunächst
ins Wasser gespült. Danach haben ein starker Sturm
oder aasfressende Reptilien die Knochen ins Meer bis
zum endgültigen Fundort transportiert. Bis zu diesem
Zeitpunkt waren noch Gewebereste vorhanden, worauf
die Tatsache, dass die Knochen zusammenlagen und
die aasfressende Schnecke *Coelodiscus* hindeuten. Der
Fundort Ohmden lag in der Unteren Jurazeit vor mehr
als etwa 185 Millionen Jahren ungefähr 100 Kilometer
vom damaligen Festland entfernt.

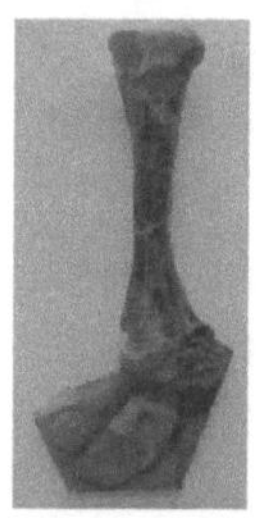

*Rest vom rechten Hinterbein
des Dinosauriers Ohmdenosaurus liasicus.
Original im
„Urwelt-Museum Hauff", Holzmaden*

Plateosaurus

Name: Flache Echse, Breite Echse, Breitweg-Echse
Größe: bis zu 10 Meter lang
Vorkommen: Obere Triaszeit
Funde: Baden-Württemberg, Bayern, Niedersachsen,
Sachsen-Anhalt, Thüringen, Schweiz, Frankreich,
Grönland
Systematik: Saurischia, Sauropodomorpha,
Prosauropoda, Plateosauridae
Erstbeschreibung: Meyer 1837

Der Vor-Echsenfüßer *Plateosaurus* aus der Oberen
Triaszeit vor etwa 216 bis 199 Millionen Jahren wurde
wegen seines häufigen Vorkommens in Württemberg
von dem Paläontologen Friedrich August Quenstedt
(1809–1889) als „Schwäbischer Lindwurm" bezeichnet.
Das Stuttgarter Naturkundemuseum wählte ihn zum
Wappentier. Den Gattungsnamen *Plateosaurus* prägte
1837 der Frankfurter Wirbeltierpaläontologe Hermann
von Meyer (1801–1869, Bild) für einen 1834 von dem
Nürnberger Chemieprofessor Johann Friedrich
Engelhardt entdeckten Fund bei Heroldsberg unweit
von Nürnberg in Bayern. Bei der wissenschaftlichen
Erstbeschreibung erklärte er nicht, warum er diesen
Gattungsnamen wählte. *Plateosaurus* war weltweit der
fünfte wissenschaftlich beschriebene Dinosaurier. Von
Plateosaurus hat man mehr als 100 teilweise vollständige

Skelette in sehr guter Erhaltung gefunden. Nirgendwo auf der Welt wurden mehr Skelette und Skelettreste von Plateosaurus geborgen als bei drei großangelegten Grabungen 1911/1912, 1921–1923 und 1932 in Trossingen östlich von Villingen-Schwenningen in Württemberg. Allein 1932 kamen vier vollständige und 17 nahezu vollständige Skelette sowie 41 Skelettteile zum Vorschein. Insgesamt wurden in Trossingen 35 vollständige oder großenteils vollständige Skelette und Teile von weiteren rund 70 Tieren gefunden. Bei den Plateosauriern von Trossingen handelt es sich vielleicht um Tiere, die nach dem Tod zusammengeschwemmt wurden. Bei der ersten Veröffentlichung über die *Plateosaurus*-Funde von Trossingen hieß es 1913, die Tiere seien im Schlamm steckengeblieben. Laut einer 1928 publizierten Theorie sollen die Plateosaurier von Trossingen in der Wüste umgekommen sein. 1933 wurde die Theorie veröffentlicht, Herden von Plateosauriern hätten sich an großen Wasserlöchern versammelt, wo einige Tiere ins Wasser gedrückt worden seien. Leichtere Tiere sollen freigekommen, schwere dagegen steckengeblieben und gestorben sein. 1984 hat man die Funde aus den unteren Schichten von Trossingen als Herde interpretiert, die in einem Schlammstrom umkam, während die Skelette der oberen Schichten über einen längeren Zeitraum zusammengetragen wurden. Zu den bedeutendsten Fundorten von Plateosauriern in Deutschland gehört auch eine Ziegeleigrube bei

Halberstadt in Sachsen-Anhalt, wo man zwischen 1910 und 1930 Skelettreste zwischen 39 und 50 Dinosauriern barg, die von *Plateosaurus* sowie von den Raub-Dinosauriern *Liliensternus* und *Halticosaurus* stammen. Die Plateosaurier aus Halberstadt deutete man früher als Tiere, die zu tief in Sümpfe gewatet, steckengeblieben und ertrunken waren. In Deutschland kennt man insgesamt mehr als 50 *Plateosaurus*-Fundstellen. Aus einer Tongrube in Frick im schweizerischen Kanton Aargau kennt man seit 1961 Skelettreste von drei bis vier Plateosauriern. 1997 holte man bei einer Ölsuchbohrung in der Nordsee in 2.651 Meter Tiefe unter dem Meeresspiegel das Bruchstück eines Beinknochens von *Plateosaurus* ans Tageslicht. Dieses wurde von den Arbeitern zunächst als Pflanzenfossil verkannt und erst 2003 als Dinosaurier-Knochen identifiziert. Auch auf Grönland hat man *Plateosaurus*-Fossilien geborgen. Der Gattung *Plateosaurus* hat man früher zahlreiche Arten zugeordnet. Davon erkennt man heute nur noch zwei als gültig an: *Plateosaurus engelhardti* und die etwas ältere Spezies *Plateosaurus gracilis* (früher *Sellosaurus gracilis*). Vieles von dem, was früher über *Plateosaurus* geschrieben wurde, gilt jetzt nicht mehr. Nach gegenwärtigem Wissensstand war *Plateosaurus* ein auf zwei Beinen gehender Pflanzenfresser mit kleinem Kopf auf einem langen biegsamen Hals. Er besaß viele blattförmige Zähne zum Zerquetschen von Pflanzenmaterial, eine starke Greifhand mit vergrößerter Daumenkralle, kräftige Hinterbeine und einen langen, flexiblen Schwanz. Die Daumenkralle wurde vielleicht bei der Nahrungsbeschaffung oder bei der Feindabwehr eingesetzt. Erwachsene Tiere der Art *Plateosaurus engelhardti* erreichten eine Länge zwischen etwa 4,80 und zehn Metern und ein Lebendgewicht von schätzungsweise zwischen 600 Kilogramm und vier Tonnen. Der etwas kleinere *Plateosaurus gracilis* war zwischen vier und fünf Meter lang. Die Lebensdauer der Plateosaurier soll im Normalfall zwischen zehn und 25 Jahren gelegen haben. Im Stuttgarter Naturkundemuseum sind Plateosaurier in unterschiedlicher Körperhaltung zu bewundern. *Plateosaurus* wird auch „Deutscher Lindwurm" genannt.

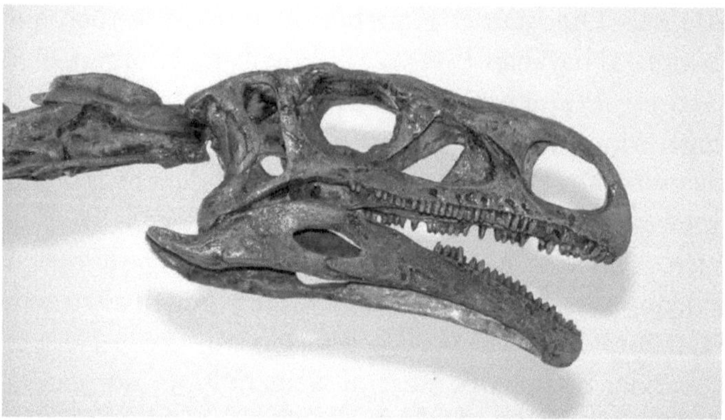

*Schädel von Plateosaurus
in einem Museum in Toronto (Kanada)*

Funde von *Plateosaurus* in Deutschland
laut „Dinosaurier in Deutschland" (1993)
von Ernst Probst und Raymund Windolf:

Württemberg:
Langenberg
Wüstenrot
Welzheim
Spraitbach
Erlenberg
Tübingen
Schlößlesmühle bei Waldbuch
Stuttgart
Balingen
Aixheim
Biesingen bei Donaueschingen
Trossingen
Stromberg, Ochsenbach
Echterdingen
Bebenhausen
Pfrondorf
Kressbach
Hechingen

Franken:
Heroldsbach und Fischbach bei Nürnberg
Eisenbahnlinie zwischen Lauf und Röthenbach
Eisenbahnlinie zwischen Lauf und Behringersdorf
Lauf bei Nürnberg
Günthersbühl und Nuschelberg bei Lauf
Drepersdorf im Pegnitztal
Altdorf
Altenstein bei Maroldsweisbach
Kulmbach
Ellingen bei Weißenburg
Eichelburg bei Weißenburg
Pierheim östlich von Hiltpoltstein

Niedersachsen:
Göttingen
Bovenden
Hedeper bei Braunschweig

Sachsen-Anhalt:
Halberstadt

Thüringen:
Großer Gleichberg südlich Hildburghausen

*Skelett von Plateosaurus engelhardti aus Trossingen
im „American Museum of Natural History", New York*

*Hermann von Meyer (1801–1869), links.
Fossiler Schädel und Hals von Plateosaurus (rechts)*

*Lebensbild von Plateosaurus. Gemälde von
Fritz Wendler (1941–1995) für das Buch „Deutschland
in der Urzeit" (1986) von Ernst Probst*

Procompsognathus

Name: Zarter Vorderkiefer
Größe: etwa 1,20 Meter lang
und 26 Zentimeter hoch
Vorkommen: Obere Triaszeit
Funde: Baden-Württemberg
Systematik: Saurischia, Theropoda, Ceratosauria,
Coelophysoidea, Coelophysidae
Erstbeschreibung: Fraas 1913

Der kleine, schätzungsweise nur ein Kilogramm schwere Dinosaurier *Procompsognathus* lebte in der Oberen Triaszeit vor etwa 222 bis 219 Millionen Jahren in Deutschland. Im Frühjahr 1909 hat man in einem Steinbruch am Nordhang des Strombergs bei Pfaffenhofen in Nordwürttemberg ein Skelett dieses Tieres entdeckt. Den Gattungsnamen *Procompsognathus* prägte 1913 der Stuttgarter Paläontologe Eberhard Fraas (1862–1915). *Procompsognathus* hatte einen etwa acht Zentimeter langen Schädel und vier Finger an den Händen. Seine Vordergliedmaßen waren deutlich kürzer als die Hinterbeine. Er bewegte sich zweibeinig und vielleicht sogar hüpfend fort. Trotz seiner vier Finger hielt Fraas *Procompsognathus* irrtümlich für einen Vorläufer des dreifingrigen Zwerg-Dinosauriers *Compsognathus* aus der Oberen Jurazeit vor etwa 150 Millionen Jahren. *Procompsognathus* jagte vermutlich kleine Echsen und Insekten.

Fossil von Procompsognathus triassicus.
Original im Staatlichen Museum für Naturkunde, Stuttgart

Sellosaurus

Name: Sello-Echse
Größe: bis 6,50 Meter lang und 1,20 Meter hoch
Vorkommen: Obere Triaszeit
Funde: Baden-Württemberg
Systematik: Prosauropoda
Erstbeschreibung: Huene 1908

Der Dinosaurier *Sellosaurus* aus der Oberen Triaszeit vor etwa 220 bis 210 Millionen Jahren gilt als ältester Vor-Echsenfüßer (Prosauropode) in Europa. Den Namen *Sellosaurus* prägte 1908 der Tübinger Paläontologe Friedrich von Huene (1875–1969) für ein schädelloses Skelett aus Heslach bei Stuttgart. 1915 wurde nordöstlich von Trossingen ein Skelett mit teilweise erhaltenem Schädel entdeckt. Ein weiteres Teilskelett von *Sellosaurus* kam im April 1936 in Ochsenbach im nordwürttembergischen Stromberg zum Vorschein. 1985 erkannte der englische Paläontologe Peter M. Galton, dass auch die früher als *Teratosaurus*, *Palaeosaurus* und *Efraasia* bezeichneten Dinosaurier mit *Sellosaurus* identisch sind. *Sellosaurus* war etwas leichter gebaut als der „Schwäbische Lindwurm" *Plateosaurus* und hatte weniger Zähne als dieser. Im Unterkiefer trug *Sellosaurus* 22 Zähne (*Plateosaurus* bis zu 28) und im Oberkiefer 30 Zähne (*Plateosaurus* bis zu 36).

Lebensbild von Sellosaurus.
Zeichnung von Nobu Tamura

*Von Dinosauriern fasziniert
sind die Enkel Max und Paula des Autors*

Was ist ein Dinosaurier?

Dinosaurier unterscheiden sich von anderen urzeitlichen Sauriern grundlegend durch einen verbesserten Bewegungsapparat, der größere Schnelligkeit und Beweglichkeit zuließ. Erreicht wurde dies durch eine verbesserte Stellung der Extremitäten. Bei den Dino-sauriern setzten die Beine nicht wie bei anderen Reptilien (Kriechtiere) seitwärts am Körper an, was nur eine schubkriechende Fortbewegung erlaubte. Stattdessen hatten die Dinosaurier die Gliedmaßen senkrecht am Körper. Ihre Beinstellung entsprach derjenigen von heutigen Säugetieren und Vögeln. Diese statisch günstigere Anordnung der Gliedmaßen ließ auch ein höheres Körpergewicht zu.

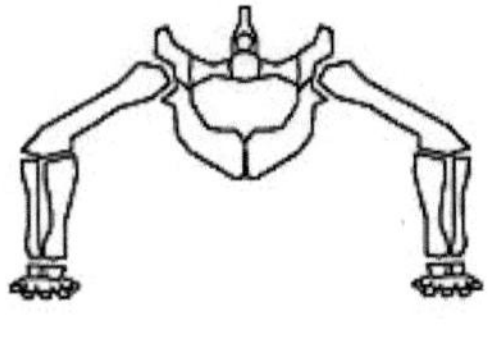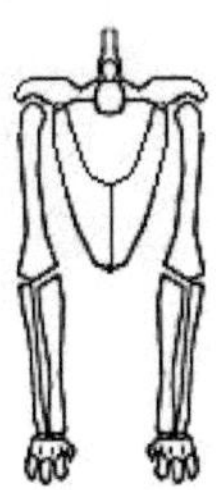

Beinstellung eines Reptils (links), eines Dinosauriers bzw. eines Säugetieres (Mitte) und eines Rauisuchiers (rechts)

Nach dem Bau der Hüft- und Beckenregion werden die Dinosaurier in zwei große Gruppen oder Ordnungen eingeteilt: Die eine davon sind die Saurischia oder Echsenbecken-Dinosaurier, die anderen die Ornithischia oder Vogelbecken-Dinosaurier.

Kurioserweise sind die Echsenbecken-Dinosaurier trotz ihres Namens näher mit den Vögeln verwandt als die Vogelbecken-Dinosaurier. Bei ihnen gab es Pflanzen- und Fleischfresser. Die Fleischfresser unter den Saurischa bezeichnet man als Theropoden, die Pflanzenfresser als Sauropoden. Zu den Echsenbecken-Dinosauriern gehörten die größten Dinosaurier (*Argentinosaurus, Supersaurus*) und die kleinsten (*Compsognathus*) sowie gefährliche Raub-Dinosaurier wie *Spinosaurus, Giganotosaurus und Tyrannosaurus.*

Die Vogelbecken-Dinosaurier waren allesamt Pflanzenfresser. Sie trugen teilweise Panzer, Hornplatten und Hörner. Im Gegensatz zu den Echsenbecken-Dinosauriern ragten ihr Schambein und Sitzbein nach hinten unten. Als weiteres typisches Merkmal gilt ein zusätzlicher Knochen am Vorderende des Unterkiefers. Zu den Vogelbecken-Dinosauriern gehörten die Unterordnungen Ornithopoda (Vogelfüßer), Pachycephalosauria (Dickschädel-Echsen oder Dickkopf-Dinosaurier), Stegosauria (Platten-Echsen), Ankylosauria (Panzer-Dinosaurier) und Ceratopsia (Horn-Dinosaurier oder Nackenschild-Dinosaurier).

Vereinfachte Klassifikation von Dinosauriern auf Familienebene laut Online-Lexikon „Wikipedia":

Dinosauria

- Saurischia (Echsenbecken-Dinosaurier: Theropoden und Sauropoden)

  - Herrerasauria (frühe, zweibeinige Fleischfresser)

  - Theropoda (zweibeinig gehende Dinosaurier, zum Großteil Fleischfresser)

    - Coelophysoidea (*Coelophysis* und enge Verwandte)

    - Ceratosauria (*Ceratosaurus* und Abelisauriden

    - Spinosauroidea (Fleisch- und eventuell Fischfresser; einige besaßen einen krokodilähnlichen Schädel und knöcherne Rückensegel)

    - Carnosauria (*Allosaurus* und enge Verwandte, wie zum Beispiel *Carcharodontosaurus*)

- Coelurosauria (Gruppe verschiedenartiger Theropoden)

  - Tyrannosauroidea (klein bis gigantisch, oft mit reduzierten Armen)

  - Ornithomimosauria (Straußen-ähnlich, zahnlos, Fleisch- oder Pflanzenfresser)

  - Therizinosauria (zweibeinig gehende Pflanzenfresser mit langen Armen und kleinen Köpfen)

  - Oviraptorosauria (zahnlos, ihre Ernährung und Lebensgewohnheiten sind ungewiss)

  - Dromaeosauridae (wie die klassischen Raptoren, zum Beispiel *Velociraptor*)

  - Troodontidae (ähnlich wie die Dromaeosauriden, aber leichter gebaut, und

möglicherweise
Allesfresser)

- Aves (die Vögel, die
einzigen rezenten
Dinosaurier)

- Sauropodomorpha (Gruppe oft sehr
langhalsiger Pflanzenfresser)

  - Prosauropoda (frühe Verwandte
  der Sauropoden; klein bis recht
  groß; einige waren eventuell
  Allesfresser, zweibeinig und
  vierbeinig gehend)

    - Sauropoda (sehr groß mit
    elefantenähnlichen Beinen,
    meistens über 15 Meter
    lang)

    - Diplodocoidea (verlängerte
    Schädel und Schwänze;
    Zähne sind nach vorne
    gerichtet und stiftartig)

    - Macronaria (diverse
    Gruppe teils riesiger
    Sauropoden)

- Brachiosauridae (sehr lange Hälse, Vorderbeine sind länger als Hinterbeine)

- Titanosauria (divers; besonders häufig in der späten Kreidezeit der südlichen Kontinente)

- Ornithischia (Vogelbecken-Dinosaurier: diverse Gruppe zweibeinig oder vierbeinig gehender Pflanzenfresser)

    - Heterodontosauridae (kleinere Pflanzen- oder Allesfresser mit großen Eckzähnen)

    - Thyreophora (Gepanzerte Dinosaurier, meistens vierbeinig gehend)

        - Ankylosauria (Panzerung aus Knochenplatten, einige trugen eine knöcherne Keule am Schwanzende)

        - Stegosauria (vierbeinig gehend, mit Knochenplatten und Stacheln)

    - Ornithopoda (divers, waren gleichzeitig vierbeinig und zweibeinig gehend, entwickelten die Fähigkeit zu kauen, große Anzahl von Zähnen)

        - Hadrosauridae (die „Entenschnäbel")

- Pachycephalosauria („Dickkopf-
  Dinosaurier", mit verdicktem
  Schädeldach und Kopfornamenten)

- Ceratopsia (vierbeinig gehend
  Dinosaurier mit Hörnern
  und Nackenschildern, obwohl
  frühe Formen nur Andeutungen
  dieser Merkmale besaßen.

Wie die Dinosaurier
zu ihrem Namen kamen

Die urzeitlichen Echsen, die heute weltweit als Dinosaurier („Schreckensechsen") bezeichnet werden, hätten beinahe einen ganz anderen Namen erhalten. Der Frankfurter Forscher Hermann von Meyer (1801–1869) hatte 1830 für die riesenhaften Urweltreptilien den Begriff „Pachypoda" vorgeschlagen, was wörtlich „Dickfüßer" oder „Schwerfüßer" heißt. Diese Bezeichnung wählte er, zwölf Jahre vor Aufkommen des Begriffs Dinosaurier, in Anlehnung an die Benennung von Elefanten und Nashörnern als Pachydermen (Dickhäuter).

Hermann von Meyer gilt als der bedeutendste Wirbeltierpaläontologe des 19. Jahrhunderts zumindest in Deutschland, wenn nicht sogar in Europa. Er war beim „Deutschen Bundestag" in Frankfurt am Main von 1837 an als „Bundeskassen-Controleur" sowie von 1863 an als „Bundescassier" tätig und untersuchte in seiner Freizeit prähistorische Wirbeltiere wie Fische, Amphibien, Reptilien, Vögel und Säugetiere.

Dutzende von Urzeittieren wie der weltberühmte Urvogel *Archaeopteryx* aus Bayern verdanken Hermann von Meyer ihren wissenschaftlichen Namen. Sein Ruf

Hermann von Meyer (1801–1869)

Richard Owen (1801–1892)

war so gut, dass ihm viele Entdecker ihre zum Teil spektakulären Funde zur Begutachtung vorlegten. So war es auch im Fall des Nürnberger Arztes Johann Friedrich Engelhardt, der 1834 in Heroldsberg bei Nürnberg erstmals in Deutschland ein Dinosaurierskelett geborgen hatte. Meyer benannte diesen Fund 1837 *Plateosaurus engelhardti* („Engelhardts flache Echse").

Plateosaurus lebte in der Triaszeit vor mehr als 210 Millionen Jahren. Skelettreste dieser bis zu zehn Meter langen Dinosauriergattung wurden später auch in Baden-Württemberg, Niedersachsen, Thüringen und Sachsen-Anhalt gefunden, was dem Urzeittier den Beinamen „Deutscher Lindwurm" einbrachte.

Den Namen Dinosaurier gab es damals noch nicht, aber auch Meyers Bezeichnung „Pachypoda" hatte sich in der Fachwelt nicht durchgesetzt, zumal sie lediglich in einer Tabelle verwendet worden war. Mehr Glück war dem Paläontologen und ersten Direktor des Britischen Museums für Naturgeschichte in London, Richard Owen (1801–1892), beschieden, der 1842 für die bis dahin bekannten riesenhaften Echsen den Begriff „Dinosauria" vorschlug. Der wissenschaftliche Name „Dinosauria" (eingedeutscht: Dinosaurier) fand weltweit Anerkennung, obwohl nicht alle damit bezeichneten Urzeittiere den Titel „Schreckensechsen" verdienen. Neben 40 Meter langen Pflanzenfressern wie *Argentinosaurus* und bis zu 18 Meter langen Raub-Dinosauriern wie *Spinosaurus* gab es auch nur katzengroße

„Dinos" wie den Zwerg-Dinosaurier *Compsognathus longipes* aus Bayern. Auch Meyers Name „Dickfüßer" wäre nicht generell richtig gewesen, weil viele Dinosaurier mehrzehige Füße hatten.

Autor Ernst Probst

Der Autor

Ernst Probst, geboren am 20. Januar 1946 in Neunburg vorm Wald im bayerischen Regierungsbezirk Oberpfalz, ist Journalist und Wissenschaftsautor. Er arbeitete von 1968 bis 1971 als Redakteur bei den „Nürnberger Nachrichten", von 1971 bis 1973 in der Zentralredaktion des „Ring Nordbayerischer Tageszeitungen" in Bayreuth und von 1973 bis 2001 bei der „Allgemeinen Zeitung", Mainz. In seiner Freizeit schrieb er Artikel für die „Frankfurter Allgemeine Zeitung", „Süddeutsche Zeitung", „Die Welt", „Frankfurter Rundschau", „Neue Zürcher Zeitung", „Tages-Anzeiger", Zürich, „Salzburger Nachrichten", „Die Zeit", „Rheinischer Merkur", „Deutsches Allgemeines Sonntagsblatt", „bild der wissenschaft", „kosmos", „Deutsche Presse-Agentur" (dpa), „Associated Press" (AP) und den „Deutschen Forschungsdienst" (df). Aus seiner Feder stammen die Bücher „Deutschland in der Urzeit" (1986), „Deutschland in der Steinzeit" (1991), „Rekorde der Urzeit" (1992), „Dinosaurier in Deutschland" (1993 zusammen mit Raymund Windolf) und „Deutschland in der Bronzezeit" (1996). Von 2001 bis 2006 betätigte sich Ernst Probst als Buchverleger sowie zeitweise als internationaler Fossilienhändler und Antiquitätenhändler. Insgesamt veröffentlichte er mehr als 100 Bücher, Taschenbücher, Broschüren, Museumsführer und E-Books.

Literatur

CHARIG, Alan (Übersetzung von Rupert Wild):
Dinosaurier. Rätselhafte Riesen der Urzeit, Hamburg
1982
COX, Barry / DIXON, Dougal / GARDINER,
Brian / SAVAGE, R. J. G.: Dinosaurier und andere
Tiere der Vorzeit. Die große Enzyklopädie der
prähistorischen Tierwelt, München 1989
DINOSAURIER-INFO
www.dinosaurier-info.de
DINOSAURIER-INTERESSE
www.dinosaurier-interesse.de
DINOSAURIER-NEWS
http://dinosaurier-news.blog.de
DINOSAURIER.ORG
www.dinosaurier.org
JELTING, Uwe: Den Dinosauriern auf der Spur,
Bonn 2007
PALAEOCRITTI. A guide to prehistoric animals
www.palaeocritti.com
PROBST, Ernst: Deutschland in der Urzeit,
München 1986
PROBST, Ernst: Rekorde der Urzeit, München
1992
PROBST, Ernst: Rekorde der Urzeit. Landschaften,
Pflanzen und Tiere, München 1992

PROBST, Ernst / WINDOLF, Raymund:
Dinosaurier in Deutschland, München 1993
WIKIPEDIA (Online-Lexikon) http://wikipedia.org
WINDOLF, Raymund: Dinosaurier-Lexikon,
Korb 1989

Bildquellen

Klaus Benz, Mainz-Laubenheim: 50
Reproduktionen von Fotos: 12 links, 12 rechts, 14
links (Foto aus den 1860-er Jahren), 18
Reproduktionen von Gemälden: 29 unten links, 46,
47
Reproduktionen von Gemälden des Kunstmalers
Fritz Wendler (1941 –1995) für das Buch
„Deutschland in der Urzeit" (1986) von Ernst Probst:
7, 30
Staatliches Museum für Naturkunde, Stuttgart: 21
Bernd Werner, Dienheim: 3, 35
Gestumblindi: 14 rechts (via Wikimedia Commons).
Lizenz: gemeinfrei
Ghedoghedo/CC-BY-SA3.0: 22, 32 (via Wikimedia
Commons), lizensiert unter CreativeCommons-
Lizenz by-sa-3.0-de
http://creativecommons.org/licenses/by-sa/3.0/
legalcode
Eva Kröcher (Eva K.)/CC-BY-SA2.5: 29 unten rechts
(via Wikimedia Commons), lizensiert unter
CreativeCommons-Lizenz by-sa-2.5-de
http://creativecommons.org/licenses/by-sa/2.5/
legalcode
Philcha at en wikipedia: 37 (via Wikimedia
Commons), Lizenz: gemeinfrei

Bücher von Ernst Probst

Rekorde der Urzeit. Landschaften,
Pflanzen und Tiere
Rekorde der Urmenschen. Erfindungen,
Kunst und Religion
Archaeopteryx. Der Urvogel aus Bayern
Der Ur-Rhein. Rheinhessen
vor zehn Millionen Jahren
Der Mosbacher Löwe. Die riesige
Raubkatze aus Wiesbaden
Der Rhein-Elefant. Das Schreckenstier
von Eppelsheim
Deutschland im Eiszeitalter
Dinosaurier in Deutschland
Dinosaurier von A bis K
Dinosaurier von L bis Z
Höhlenlöwen. Raubkatzen im Eiszeitalter
Säbelzahnkatzen. Von Machairodus
bis zu Smilodon
Der Höhlenbär
Monstern auf der Spur. Wie die Sagen
über Drachen, Riesen und Einhörner entstanden
Affenmenschen. Von Bigfoot
bis zum Yeti
Seeungeheuer. Von Nessie
bis zum Zuiyo-maru-Monster

Bestellungen bei http://www.grin.com